BEI GRIN MACHT SICH IHR WISSEN BEZAHLT

AF141844

- Wir veröffentlichen Ihre Hausarbeit, Bachelor- und Masterarbeit

- Ihr eigenes eBook und Buch - weltweit in allen wichtigen Shops

- Verdienen Sie an jedem Verkauf

Jetzt bei www.GRIN.com hochladen und kostenlos publizieren

Quantitative Datenanalyse. Varianzanalyse (ANOVA), Levene-Test und Regression

Bibliografische Information der Deutschen Nationalbibliothek:

Die Deutsche Nationalbibliothek verzeichnet diese Publikation in der Deutschen Nationalbibliografie; detaillierte bibliografische Daten sind im Internet über http://dnb.d-nb.de abrufbar.

ISBN: 9783346882745
Dieses Buch ist auch als E-Book erhältlich.

Druck und Bindung: Books on Demand GmbH, Norderstedt Germany
Gedruckt auf säurefreiem Papier aus verantwortungsvollen Quellen

Das vorliegende Werk wurde sorgfältig erarbeitet. Dennoch übernehmen Autoren und Verlag für die Richtigkeit von Angaben, Hinweisen, Links und Ratschlägen sowie eventuelle Druckfehler keine Haftung.

Das Buch bei GRIN: https://www.grin.com/document/1359234

Einsendeaufgabe

Alternative B

Modul:

Quantitative Datenanalyse

SRH Fernhochschule – The Mobile University

2

Inhaltsverzeichnis

Abkürzungsverzeichnis

ANOVA	Analysis of Variance
AV	Abhängige Variable
Bspw.	Beispielsweise
UV	Unabhängige Variable
z. B.	Zum Beispiel

Abbildungsverzeichnis

Tabellenverzeichnis

6

Anhangsverzeichnis

1 Aufgabe 1

1.1 Grundlagen der Varianzanalyse

Sollen Unterschiede der Mittelwerte zwischen zwei Gruppen ermittelt werden, wird der T-Test durchgeführt. Bezieht sich die Fragestellung auf Unterschiede zwischen mehr als zwei Mittelwerten, ist die Varianzanalyse das geeignete Verfahren. Die Varianzanalyse wird mit ANOVA abgekürzt, die sich aus dem englischen „Analysis of Variance" ableitet. Das Verfahren wurde von dem Statistiker Ronald Fisher entwickelt und gilt als das bekannteste Verfahren zur Signifikanztestung (Köhler, 2004, S. 197, Leonhart, 2010, S. 155).

Das übergeordnete Ziel einer ANOVA ist es, Ursachen von Varianzen im Erleben und Verhalten zu finden (Schäfer, 2016, S. 217–218). So ist das statische Verfahren beispielsweise geeignet, um mehrere therapierelevanten Faktoren und dessen Einfluss auf den Therapieerfolg zu untersuchen. Es können mittels varianzanalytischer Untersuchungen sowohl mehrere Variablen zu verschiedenen Zeitpunkten, z. B. vor, während und nach der Therapie, als auch mehrere Stichproben, z. B. Proband: innen mit verschiedenen Störungsbildern, überprüft werden. Die ANOVA ermöglicht es darüber hinaus den differentiellen Effekt mehrerer unabhängiger Variablen (UVs) zu untersuchen. Dadurch können bspw. in die Bewertung des Therapieerfolges bzw. -effektes mehrere Behandlungsformen einbezogen werden (Köhler, 2004, S. 197–198). Weitere nicht-klinische Einsatzfelder sind bspw. das Ermitteln der Effekte von verschiedenen Trainings, u. a. in den Bereichen Sport, Kommunikationstraining, berufliches Training, etc. (Rudolf & Buse, 2012, S. 96).

Die Durchführung der ANOVA verläuft in vier Schritten: (1) Prüfen der Voraussetzungen, (2) Aufstellen statistischer Hypothesen, (3) Quadratsummenzerlegung und (4) die Signifikanzprüfung (Rudolf & Buse, 2012, S. 100–103).

Bevor eine ANOVA durchgeführt werden kann, müssen verschiedene Voraussetzungen erfüllt sein:

- Varianzhomogenität,
- Normalverteilung,
- intervallskalierte abhängige Variable (AV),

- die Unabhängigkeit der Messwerte und
- eine Gruppengröße von mindestens 20 Versuchspersonen (Rasch et al., 2004, S. 51–52; Rudolf & Buse, 2012, S. 100–102).

Zum einen müssen die Varianzen innerhalb der Stichprobe gleich groß sein, d. h. es muss eine Varianzhomogenität vorliegen. Diese wird mittels des Levene-Tests (siehe Kapitel 2) bestimmt. Sollten sich die Varianzen der Gruppen nicht gleichen, erschwert dies die Mittelung dieser und die gemittelte Streuung kann nicht mehr als zuverlässiger Schätzwert der Populationsvarianz eingesetzt werden (Bühner & Ziegler, 2017, S. 371–375; Köhler, 2004, S. 208). Bühner & Ziegler (2017, S. 371–375) verweisen darauf, dass die ANOVA in Bezug auf eine Verletzung der Varianzhomogenität robust ist. Ein sofortiger Wechsel zu einem anderen Verfahren wird nicht empfohlen. Weiterhin wird eine Normalverteilung der Stichproben in Bezug. Auf. Die jeweilige zugrundeliegende Grundgesamtheit vorausgesetzt. Die Normalverteilung wird mittels des Kolmogorov-Smirnov-Tests überprüft. Ähnlich wie bei der ersten Voraussetzung lässt die ANOVA bei einer Verletzung dieser Voraussetzung einen gewissen Spielraum zu. Zudem wird eine intervallskalierte abhängige Variable vorausgesetzt. Zuletzt ist es wichtig, dass die Beobachtungen bzw. Erhebungen der einzelnen Gruppen voneinander unabhängig sind. Diese Voraussetzung muss grundsätzlich erfüllt werden, da die ANOVA im Gegensatz zu den ersten beiden Bedingungen hier weniger robust ist. Bei einer Verletzung steigt die Irrtumswahrscheinlichkeit (alpha-Fehlerwahrscheinlichkeit) stark an (Bühner & Ziegler, 20, S. 371–375).

Im Allgemeinen können die Hypothesen der ANOVA wie folgt formuliert werden (Eid et al., 2013, S. 380; Rudolf & Buse, 2012, S. 102):

H0:   Es gibt keine Unterschiede zwischen den Mittelwerten der einzelnen Gruppen.

$\mu_1 = \mu_2 = \mu_3$

$\mu_i = \mu_j$ für alle Paare

H1:   Es gibt bei mindestens zwei Gruppenmittelwerten Unterschiede.

$\mu_i \neq \mu_j$ für mindestens ein Paar

Die Messwerte einer psychologischen Messung unterscheiden sich untereinander. Das Ausmaß der Unterschiede zwischen den Werten wird mittels der Varianz angegeben. D. h., der Kennwert der Varianz gibt Aufschluss über die mittlere

Abweichung der Werte vom Mittelwert einer Verteilung (Rasch et al., 2004, S. 8). Das Grundprinzip der ANOVA ist einer Gesamtvarianzzerlegung innerhalb sowie zwischen den Gruppen:

$$SAQ\ (gesamt) = SAQ\ (innerhalb) + SAQ\ (zwischen)$$

Dabei ist *SAQ (innerhalb)* die Abweichung der Werte des jeweiligen Gruppenmittels und *SAQ (zwischen)* steht für die Variabilität der Abweichungen der Gruppenmittelwerte von der gesamten Mitte (Zöfel, 2011, S. 131–132). Gemäß Rasch et al. (2004, S. 11–12) können zwei verschiedene Ursachen für die Gesamtvarianz angenommen werden, systematisch und unsystematische Einflüsse. Unter systematischen Einflüssen werden jene verstanden, die durch Manipulation entstehen. Diese Varianz kann als systematische - oder Effektvarianz verstanden und ermittelt werden. Unsystematische Einflüsse sind solche, die das zu beobachtende Verhalten der VP beeinflussen, aber von der Versuchsleitung nicht beabsichtigt wurden und nicht erfassbar sind.

Im Anschluss dessen werden die *Summen der Abweichungsquadrate (SAQ)* durch die jeweiligen Freiheitsgrade geteilt. Daraus resultieren die mittleren Quadrate (MQ). Der *F-Wert* ergibt sich durch die Teilung der *MQ (zwischen)* durch *MQ (innerhalb)* (Zöfel, 2011, S. 131–132).

$$F = \frac{MQ\ zwischen}{MQ\ innerhalb}$$

1.2 Arten der Varianzanalyse

Abhängig von der Anzahl der AVs und der UVs können mehrere Arten der ANOVA unterschieden werden.

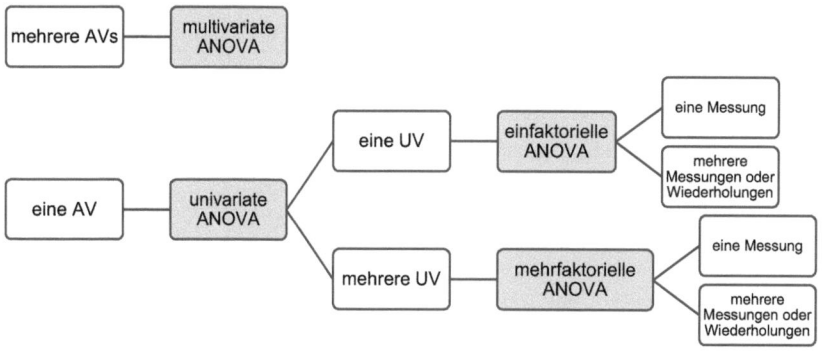

Abbildung 1: Aufteilung der varianzanalytischen Methoden

Quelle: eigene Darstellung in Anlehnung an (Bühner & Ziegler, 2009, S. 346)

Die Anzahl der AVs entscheidet über die Wahl einer multivariaten oder einer univariaten ANOVA. Multivariate ANOVAs werden angewendet, wenn sich die zu untersuchende Fragestellung auf mehrere AVs bezieht. Eine univariate ANOVA untersucht den Einfluss einer oder mehrerer UVs auf eine AV. Wird nur eine UV in die Berechnung einbezogen, wird eine einfaktorielle ANOVA durchgeführt. Eine mehrfaktorielle ANOVA berücksichtigt mehrere unabhängige Faktoren. Weiterhin kann zwischen Analysen mit und ohne Messwiederholung unterschieden werden. ANOVAS mit Messwiederholung gelten als in der Psychologie und Sozialwissenschaft am häufigsten eingesetztes Verfahren. Es ermöglicht die Datenauswertung von Untersuchungen unter verschiedenen Versuchsbedingungen (Köhler, 2004, S. 197–223; Rudolf & Buse, 2012, S. 118–121).

Bei ANOVAS können verschiedene Arten von Effekten unterschieden werden:

- Haupteffekt A
- Haupteffekt B
- Interaktion zwischen A und B (nur bei mehrfaktorieller ANOVA) (Rasch et al., 2004, S. 71).

Der *Haupteffekt* A, der auch bei der einfaktoriellen ANOVA auftreten kann, gibt Aufschluss über den von Faktor B unabhängigen Einfluss des Faktors A auf die AV. Er beschreibt gemäß Rasch et al. (2004, S. 71) „die Unterschiede zwischen Stufenmittelwerten des Faktors A gemittelt über die Stufen des Faktors B". Im

Umkehrschluss gibt der *Haupteffekt B* den von Faktor B unabhängigen Einfluss des Faktors B auf die AV an. Bei der mehrfaktoriellen ANOVA kann ein weiterer Effekt beobachtet werden, der *Wechselwirkungseffekt*, oder auch die Interaktion zwischen Faktor A und B (A x B). Dieser beschreibt gemeinsame Wirkungen beider Faktorstufen. Da die Effekte voneinander unabhängig auftreten, können sie einzeln ermittelt werden (Eid et al., 2013, S. 473–474; Rasch et al., 2004, S. 71–72).

1.3 Beispiel – mehrfaktorielle Varianzanalyse

Das hier dargestellte Beispiel basiert auf folgender Fragestellungen:

1. Wirkt sich der Studiengang auf Unterschiede in den Mittelwerten der positiven Affektivität aus?
2. Wirkt sich die Altersgruppe auf Unterschiede in den Mittelwerten der positiven Affektivität aus?
3. Gibt es wechselseitige Beeinflussungen, bzw. Interaktionen zwischen den Faktoren Studiengang und Altersgruppe?

Die Durchführung einer mehrfaktoriellen ANOVA, in dem hier aufgeführten Beispiel eine zweifaktorielle ANOVA, setzt verschiedene in Kapitel 1.1 beschriebene Faktoren voraus. Daher werden die Daten vor der Durchführung hinsichtlich ihrer Normalverteilung mittels des Kolmogorov-Smirnov-Tests überprüft. Die zu prüfende Variable ist die. Positive Affektivität. Die entsprechenden Hypothesen lauten wie folgt:

H_0: Die Verteilung der Daten unterscheiden sich nicht von einer Normalverteilung. Die Daten sind normalverteilt.

H_1: Die Verteilung der Daten unterscheiden sich von einer Normalverteilung. Die Daten sind nicht normalverteilt.

Kolmogorov-Smirnov-Test bei einer Stichprobe

		Positive Affektivität PANAS
N		99
Parameter der Normalverteilung[a,b]	Mittelwert	3,3756
	Std.-Abweichung	,44392
Extremste Differenzen	Absolut	,105
	Positiv	,053
	Negativ	-,105
Teststatistik		,105
Asymp. Sig. (2-seitig)[c]		,009
Monte-Carlo-Signifikanz (2-seitig)[d]	Sig.	,010
	99% Konfidenzintervall Untergrenze	,008
	Obergrenze	,013

a. Die zu testende Verteilung ist eine Normalverteilung.
b. Aus den Daten berechnet.
c. Signifikanzkorrektur nach Lilliefors.
d. Lilliefors-Methode auf der Basis von 10000 Monte-Carlo-Stichproben mit Startwert 2000000.

Tabelle 1: Kolmogorov-Smirnov-Test der Variable pa_g
Quelle: eigene Darstellung

Der Kolmogorov-Smirnov-Test ergibt eine asymp. Signifikanz von p = ,009. Demnach muss die H_0 angenommen werden, d. h., die Daten der Stichprobe sind normalverteilt. Eine weitere Voraussetzung für die Durchführung der ANOVA ist die Varianzhomogenität der Gruppen. Diese wird im Rahmen der ANOVA mittels des Levene-Tests ermittelt. Die entsprechenden Hypothesen lauten:

H_0: Die Varianzen der Gruppen sind gleich.

H_1: Die Varianzen der Gruppen sind nicht gleich.

Durch die zweifaktorielle ANOVA soll der Einfluss von den metrisch skalierten Variablen „Studiengang" und „Altersgruppe" auf die nominalskalierte Variable positive Affektivität (pa_g) getestet werden. Somit werden zwei Faktoren (Studiengang und Altersgruppe) betrachtet. Die Variable Studiengang ist vier-stufig (1 = „Psychologie", 2 = „Mathematik", 3 = „Sport", 4 = „sonstiges") und die Variable Altersgruppe ist zweifach abgestuft (1 = „unter 25 Jahren", 2 = „25 Jahre und älter"). Durch die Kombination der Faktoren ergeben sich insgesamt acht Gruppen, die im Folgenden näher untersucht werden sollen.

Studiengang/Altersgruppe	Unter 25 Jahren	Über 25 Jahren
Psychologie	Gruppe 1	Gruppe 2
Mathe	Gruppe 3	Gruppe 4
Sport	Gruppe 5	Gruppe 6
Sonstiges	Gruppe 7	Gruppe 8

Tabelle 2: Gruppenaufteilung der ANOVA mit den Variablen Studiengang und Altersgruppe

Quelle: eigene Darstellung

Die Hypothesen der zweifaktoriellen ANOVA lauten:

Haupteffekt A

H_0: Die positive Affektivität ist unabhängig vom Studiengang.

H_1: Die positive Affektivität ist abhängig von Studiengang.

Haupteffekt B

H_0: Die positive Affektivität ist unabhängig von der Altersgruppe.

H_1: Die positive Affektivität ist abhängig von der Altersgruppe.

Interaktion A x B

H_0: Die Faktoren Studiengang und Altersgruppe beeinflussen sich nicht wechselseitig.

H_1: Die Faktoren Studiengang und Altersgruppe beeinflussen sich wechselseitig.

Um die zweifaktorielle ANOVA in SPSS durchzuführen, müssen die folgenden Schritte ausgeführt werden:

1. *„Analysieren"* → *„Allgemeines lineares Modell"* → *„univariat"* auswählen,
2. die AV und die UVs einfügen,

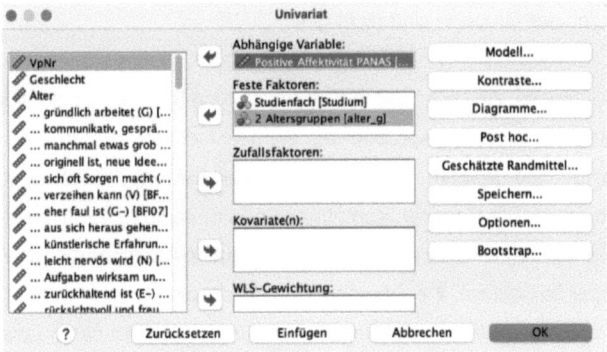

Abbildung 2: Screenshot 1 ANOVA

Quelle: eigene Darstellung

3. *„Diagramme"* → in das Feld *„Horizontale Achse"* *„Studiengang"* und in das Feld *„Seperate Linien"* *„Altersgruppe"* einfügen,

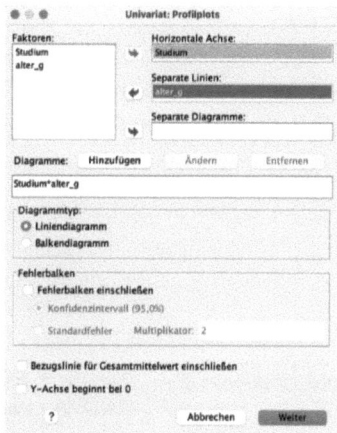

Abbildung 3: Screenshot 2 ANOVA

Quelle: eigene Darstellung

4. auf „Hinzufügen" und „Weiter" klicken,

5. „Optionen" drücken → „deskriptive Statistiken" und „Homogenitätstest" auswählen → „Weiter" und „OK" drücken.

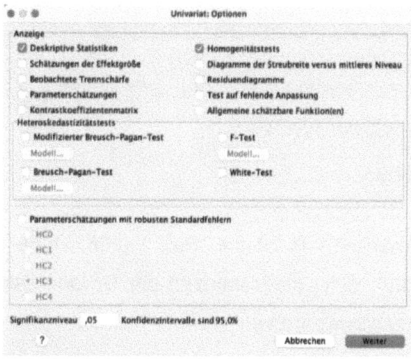

Abbildung 4: Screenshot 3 ANOVA

Quelle: eigene Darstellung

Nach der Durchführung der beschriebenen Befehle zeigt SPSS als Output die Zwischensubjektfaktoren, die deskriptiven Statistiken, den Levene-Test, den Test der Zwischensubjekteffekte sowie eine grafische Darstellung an.

Zwischensubjektfaktoren

		Wertbeschrift ung	N
Studienfach	1,00	Psychologie	33
	2,00	Mathematik	22
	3,00	Sport	26
	4,00	Sonstiges	18
2 Altersgruppen	1,00	unter 25 Jahren	68
	2,00	25 Jahre und älter	31

Deskriptive Statistiken

Abhängige Variable: Positive Affektivität PANAS

Studienfach	2 Altersgruppen	Mittelwert	Standardabw eichung	N
Psychologie	unter 25 Jahren	3,5115	,49986	26
	25 Jahre und älter	3,1841	,37306	7
	Gesamt	3,4421	,48967	33
Mathematik	unter 25 Jahren	3,1500	,35040	10
	25 Jahre und älter	3,1750	,54627	12
	Gesamt	3,1636	,45726	22
Sport	unter 25 Jahren	3,4300	,41435	20
	25 Jahre und älter	3,5500	,35637	6
	Gesamt	3,4577	,39817	26
Sonstiges	unter 25 Jahren	3,3167	,32146	12
	25 Jahre und älter	3,5500	,35071	6
	Gesamt	3,3944	,34037	18
Gesamt	unter 25 Jahren	3,4000	,43709	68
	25 Jahre und älter	3,3222	,46129	31
	Gesamt	3,3756	,44392	99

Tabelle 3: Zwischensubjektfaktoren der ANOVA

Quelle: eigene Darstellung

Tabelle 4: deskriptive Statistiken der ANOVA - Variable pa_g

Quelle: eigene Darstellung

Levene-Test auf Gleichheit der Fehlervarianzen[a,b]

		Levene-Statistik	df1	df2	Sig.
Positive Affektivität PANAS	Basiert auf dem Mittelwert	,668	7	91	,698
	Basiert auf dem Median	,593	7	91	,760
	Basierend auf dem Median und mit angepaßten df	,593	7	74,976	,760
	Basiert auf dem getrimmten Mittel	,645	7	91	,718

Prüft die Nullhypothese, dass die Fehlervarianz der abhängigen Variablen über Gruppen hinweg gleich ist.

a. Abhängige Variable: Positive Affektivität PANAS

b. Design: Konstanter Term + Studium + alter_g + Studium * alter_g

Tabelle 5: Levene-Test der ANOVA

Quelle: eigene Darstellung

Der p-Wert des Levene-Tests ist mit ,698 > 0,05. Daher kann die Nullhypothese angenommen werden, d. h., die Varianzen der Gruppen sind gleich bzw. es ist von homogenen Varianzen auszugehen.

Tests der Zwischensubjekteffekte

Abhängige Variable: Positive Affektivität PANAS

Quelle	Typ III Quadratsum me	df	Mittel der Quadrate	F	Sig.
Korrigiertes Modell	2,195ᵃ	7	,314	1,667	,127
Konstanter Term	868,323	1	868,323	4616,116	<,001
Studium	1,239	3	,413	2,196	,094
alter_g	,003	1	,003	,017	,898
Studium * alter_g	,877	3	,292	1,554	,206
Fehler	17,118	91	,188		
Gesamt	1147,416	99			
Korrigierte Gesamtvariation	19,313	98			

a. R-Quadrat = ,114 (korrigiertes R-Quadrat = ,045)

Tabelle 6: Tests der Zwischensubjekteffekte

Quelle: eigene Darstellung

Für den Faktor „Studium" ergibt sich ein p-Wert von F = 2,196 (p = ,094) und für den Faktor „Altersgruppe" ist F = ,017 (p = ,898). Beide Werte sind > 0,05, demnach liegen keine signifikanten Haupteffekte vor. Es kann sowohl im Haupteffekt A und B die Nullhypothese, die positive Affektivität ist unabhängig von Studiengang und Altersgruppe, angenommen werden.

Der Interaktionsterm „Studium * alter_g" liegt bei F = ,292 (p = ,206 > 0,05). Es kann demnach kein signifikanter Interaktionseffekt gezeigt werden und die Nullhypothese muss angenommen werden.

Die Ergebnisse stellen sich grafisch wie folgt dar:

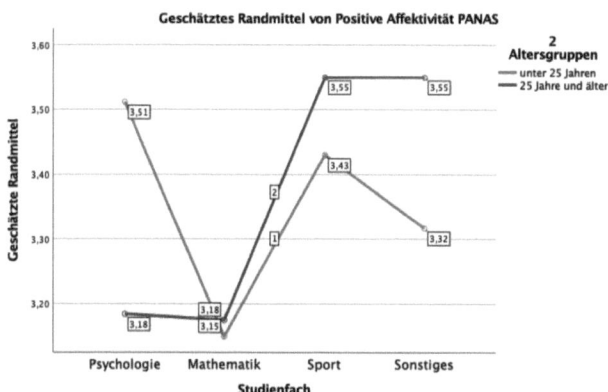

Abbildung 5: grafische Darstellung der Ergebnisse der ANOVA

Quelle: eigene Darstellung

2 Aufgabe 2

2.1 Grundlagen des Levene-Tests

Unter Homoskedastizität, auch Varianzhomogenität genannt, wird das Vorliegen einer gleichen Varianz mehrerer Gruppen verstanden (Leonhart, 2010, S. 250). Sie gilt für viele Regressionsmodelle, wie der ANOVA, dem T-Test, der linearen Regression, etc., als eine wichtige Voraussetzung (Heimsch et al., 2018, S. 222; Köhler, 2004, S. 208; Leonhart, 2010, S. 250). Zur Überprüfung der Varianzhomogenität gibt es zahlreiche Verfahren. Der Levene-Test gilt aufgrund seiner Robustheit gegenüber nicht normalverteilten Werten zu den häufig verwendeten Verfahren (Heimsch et al., 2018, S. 222). Holling & Gediga (2016, S. 201) verweisen zudem auf den Vorteil, dass der Levene-Test im Vergleich zum F-Test bei Stichproben (n > 30) für beliebige Zufallsvariablen durchgeführt werden kann. Für die Durchführung des Levene-Tests eignen sich Fragestellungen, bei denen eine oder mehrere zwei- oder mehrstufig nominalskalierte Variablen (UV) und eine intervallskalierte Variable (AV) untersucht werden (Kuhlmei, 2020, S. 182).

Für den Levene-Test können folgende allgemeine ungerichteten Hypothesen angenommen werden (Kuhlmei, 2020, S. 182):

H_0 Die Populationsvarianzen der beiden Gruppen unterscheiden sich nicht.

$\sigma_1^2 = \sigma_2^2$

H_1 Die Populationsvarianzen der beiden Gruppen unterscheiden sich.

$\sigma_1^2 \neq \sigma_2^2$

Da der Levene-Test eingesetzt wird, um die Annahme einer Homogenität zu testen, basiert er auf der Nullhypothese, die besagt, dass sich die Varianzen in den Gruppen nicht unterscheiden, bzw. die Fehlervarianzen der AV in beiden Gruppen gleich ist (Backhaus et al., 2021, S. 198).

Bei dem Levene-Test werden für jede der zwei Gruppen die Beträge der Abweichungen vom Mittelwert berechnet. Demnach werden die Werte x_{ij} durch $|x_{ij} - x_i|$ ersetzt. Der T-test oder auch die ANOVA werden anschließend nicht mit den ursprünglichen Daten, sondern mit den Abweichungswerten der Personen vom jeweiligen Gruppenmittelwerte berechnet (Zöfel, 2011, S. 135). Der sich daraus ergebende F-Wert sowie der p-Wert werden zur Einschätzung herangezogen, ob die Null- oder die Alternativhypothese angenommen werden muss. Demnach liegt Varianzhomogenität vor, wenn das Ergebnis des Levene-Tests nicht signifikant ist und in Folge dessen die Nullhypothese ($\sigma_1^2 = \sigma_2^2$) angenommen werden kann (Kuhlmei, 2020, S. 198).

2.2 Durchführung und Interpretation des Levene-Tests mit SPSS

Angenommen, es soll untersucht werden, ob sich Frauen und Männer hinsichtlich der Variable „Positive Affektivität" (AV) unterscheiden. Diese Fragestellung würde mittels eines T-Tests überprüft werden. Eine Voraussetzung für den T-Test ist die Varianzhomogenität. Daher muss zuerst geprüft werden, ob sich die Varianzen der beiden Gruppen unterscheiden. Die entsprechenden Hypothesen lauten:

H$_0$:   Die Varianzen der Gruppen sind gleich.

H$_1$:   Die Varianzen der Gruppen sind nicht gleich.

In SPSS wird der Levene-Test bereits bei der T-Testung automatisch durchgeführt. Um den t-Test durchzuführen, muss die (1) AV in das Feld „Testvariable" und (2) die Variable Geschlecht in die „Gruppierungsvariable" eingefügt werden. Anschließend müssen (3) die Gruppen, über das Feld „Gruppen definieren", definiert werden. Mit „OK" werden die Eingaben gespeichert und das Ausgabefester öffnet sich.

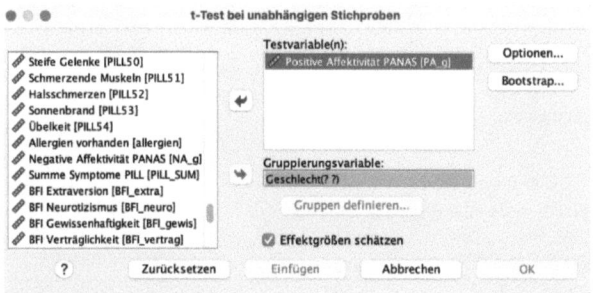

Abbildung 6: Screenshot - t-Test

Quelle: eigene Darstellung

Test bei unabhängigen Stichproben

		Levene-Test der Varianzgleichheit		t-Test für die Mittelwertgleichheit						95% Konfidenzintervall der Differenz	
						Signifikanz					
		F	Sig.	T	df	Einseitiges p	Zweiseitiges p	Mittlere Differenz	Differenz für Standardfehler	Unterer Wert	Oberer Wert
Positive Affektivität PANAS	Varianzen sind gleich	1,461	,230	-,209	97	,417	,835	-,02082	,09955	-,21840	,17676
	Varianzen sind nicht gleich			-,232	62,714	,409	,817	-,02082	,08967	-,20003	,15840

Tabelle 7: Levene-Test beim t-Test

Quelle: eigene Darstellung

Im Ergebnisprotokoll kann anschließend der F- und der p-Wert abgelesen werden. In diesem Beispiel ist F = 1,461 und p = ,230. Demnach liegt kein signifikantes Ergebnis vor (p > .05), wodurch die Nullhypothese angenommen werden kann. Die Varianzen unterscheiden sich nicht und es kann eine Varianzhomogenität angenommen werden.

3 Aufgabe 3

3.1 Deskriptive Analyse

Die Stichprobe des Datensatzes EPS_1.sav enthält Daten einer Befragung von Studierenden hinsichtlich dessen verschiedener Persönlichkeitsmerkmalen und dessen Gesundheitszustand. Die Befragung umfasst insgesamt 100 Proband: innen (N=100).

Die Stichprobe besteht aus 29 (29.0%) männlichen und 71 (71,0%) weiblichen Proband:innen. Das Alter der Proband:innen liegt zwischen 18 und 55 Jahren. Das durchschnittliche Alter (Mittelwert) liegt bei 24,36 Jahren und die Standardabweichung liegt bei S = 6,213.

	N	%
männlich	29	29,0%
weiblich	71	71,0%

Tabelle 8: deskriptive Statistik - Häufigkeit der Variable Geschlecht

Quelle: eigene Darstellung

N	gültig	100
	fehlend	0
Mittelwert		24,36
Std. -Abweichung		6,213
Varianz		38,596
Minimum		18
Maximum		55

Tabelle 9: deskriptive Statistik - Häufigkeit der Variable Alter

Quelle: eigene Darstellung

Im Fragebogen der Befragung konnten die Befragten zwischen verschiedenen Persönlichkeitsmerkmalen wählen und machten Angaben hinsichtlich ihres Gesundheitszustandes. Im Folgenden werden zum einen die Persönlichkeitsmerkmale positive Affektivität (pa_g), negative Affektivität (na_g) und Expressivität (beq_expr) und zum anderen die Summe der berichteten Symptome (PILL_sum) deskriptiv dargestellt.

Die Variablen pa_g, na_g und beq_expr sind im Datensatz metrisch skaliert. Es liegt ein Skalenindex vor, d. h. sie umfassen die Mittelwerte der gesamten PANAS Variablen. In der Stichprobe gibt es einen fehlen Wert, wodurch sich 99 gültige Werte ergeben.

		Positive Affektivität PANAS	Negative Affektivität PANAS	Emotionale Expressivität BEQ
N	Gültig	99	99	99
	fehlend	1	1	1
Mittelwert		3,3756	1,7626	2,6306
Std. -Abweichung		,44392	,55871	,53492
Varianz		,197	,312	,286
Minimum		2,20	1.00	1,29
Maximum		4,60	3,90	3,86

Tabelle 10: deskriptive Statistik der Variablen pa_g, na_g, beq_expr

Quelle: eigene Darstellung

Der Mittelwert der Variable pa_g liegt bei 3,3756 mit einer Standardabweichung von S = ,44392. Das Minimum liegt bei 2,20 und das Maximum bei 4,60.

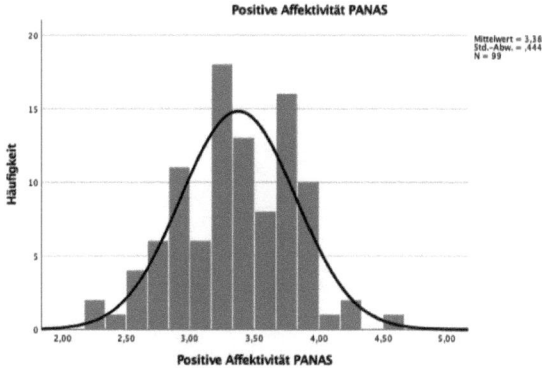

Abbildung 7: Häufigkeitsverteilung der Variable pa_g
Quelle: eigene Darstellung

Bei der Variable na_g liegt der Mittelwert bei 1,7626 mit einer Standardabweichung von S = ,55871. Das Minimum liegt bei 1,00 und das Maximum bei 3,90.

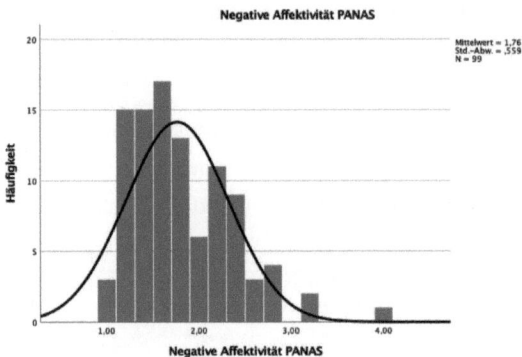

Abbildung 8: Häufigkeitsverteilung der Variable na_g

Quelle: eigene Darstellung

Die Variable beq_expr hat einen Mittelwert von 2,6306 (S = ,53492) mit einem Minimum von 1,29 und einem Maximum von 3,86.

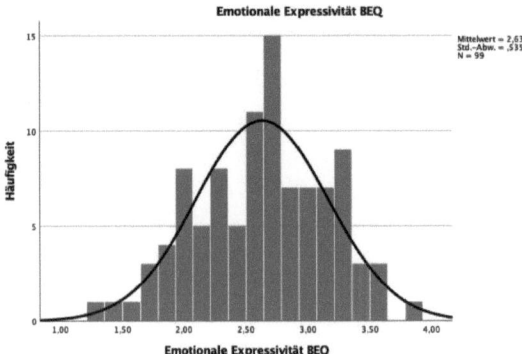

Abbildung 9: Häufigkeitsverteilung der Variable beq_expr

Quelle: eigene Darstellung

Die Variable PILL_sum ist im Datensatz metrisch skaliert. Es liegt ein Skalenindex vor, d. h. sie umfasst die Mittelwerte der Summe der gesamten berichteten Symptome. In der Stichprobe gibt es einen fehlen Wert, wodurch sich 99 gültige Werte ergeben.

Summe Symptome PILL	
gültig	99
fehlend	1
Mittelwert	103,9091
Std. -Abweichung	24,59264
Varianz	604,798
Minimum	59,00
Maximum	180,00

Tabelle 11: deskriptive Statistik - Variable PILL_sum

Quelle: eigene Darstellung

Die Variable PILL_sum hat einen Mittelwert von 103,9091 mit einer Standardabweichung von S = 24,59264. Das Minimum liegt bei 59,00 und das Maximum bei 180,00.

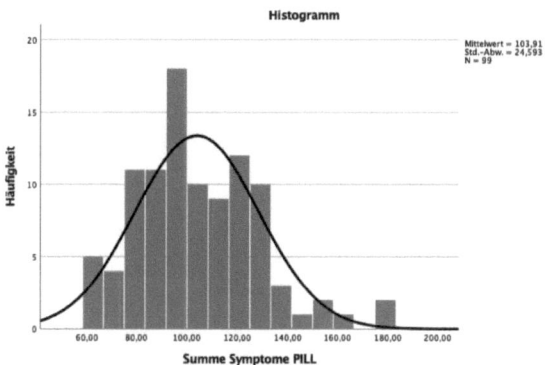

Abbildung 10: Häufigkeitsverteilung der Variable PILL_sum

Quelle: eigene Darstellung

3.2 Inferenzstatistische Analyse

3.2.1 Zusammenhänge zwischen den Persönlichkeitsmerkmalen pa_g, na_g, beq_expr und PILL_sum

In der Befragung von 100 Studierenden wurden u. a. Daten zu den Variablen „Positive Affektivität" (pa_g), „Negative Affektivität" (na_g), „Expressivität" (beq_expr) und „Summe der berichteten Symptome" (PILL_sum) erhoben. Im Rahmen einer inferenzstatistischen Analyse soll überprüft werden, ob zwischen den oben genannten Variablen jeweils ein bivariater Zusammenhang zu beobachten ist.

Aus der Fragestellung leiten sich folgende spezifische Hypothesen ab:

Nr.	H$_0$	H$_1$ ungerichtet	H$_1$ gerichtet
1	Es gibt keinen Zusammenhang zwischen den Variablen *pa_g* und *na_g*.	Es gibt einen Zusammenhang zwischen den Variablen *pa_g* und *na_g*.	Es gibt einen positiven bzw. negativen Zusammenhang zwischen den Variablen *pa_g* und *na_g*.
2	Es gibt keinen Zusammenhang zwischen den Variablen *pa_g* und *beq_expr*.	Es gibt einen Zusammenhang zwischen den Variablen *pa_g* und *beq_expr*.	Es gibt einen positiven bzw. negativen Zusammenhang zwischen den Variablen *pa_g* und *beq_expr*.
3	Es gibt keinen Zusammenhang zwischen den Variablen *na_g* und *beq_expr*.	Es gibt einen Zusammenhang zwischen den Variablen *na_g* und *beq_expr*.	Es gibt einen positiven bzw. negativen Zusammenhang zwischen den Variablen *na_g* und *beq_expr*.
4	Es gibt keinen Zusammenhang zwischen den Variablen *pa_g* und *PILL_sum*.	Es gibt einen Zusammenhang zwischen den Variablen *pa_g* und *PILL_sum*.	Es gibt einen positiven bzw. negativen Zusammenhang zwischen den Variablen *pa_g* und *PILL_sum*.
5	Es gibt keinen Zusammenhang zwischen den Variablen *na_g* und *PILL_sum*.	Es gibt einen Zusammenhang zwischen den Variablen *na_g* und *PILL_sum*.	Es gibt einen positiven bzw. negativen Zusammenhang zwischen den Variablen *na_g* und *PILL_sum*.
6	Es gibt keinen Zusammenhang zwischen den Variablen beq_expr *und PILL_sum*.	Es gibt einen Zusammenhang zwischen den Variablen beq_expr und *PILL_sum*.	Es gibt einen positiven bzw. negativen Zusammenhang zwischen den Variablen beq_expr *und PILL_sum*.

Tabelle 12: spezifische Hypothesen der Variablen na_g, pa_g, beq_expr, PILL_sum

Quelle: eigene Darstellung

Das Signifikanzniveau wird auf α= 0,05 festgelegt. Anschließend wird der Datensatz hinsichtlich fehlender Werte überprüft. In der Stichprobe gibt es bei den Variablen na_g, pa_g, beq_expr, PILL_sum einen fehlen Wert, wodurch sich 99 gültige Werte ergeben.

Für die Entscheidung, welches Verfahren eingesetzt werden soll, wird die Art der Fragestellung, das Skalenniveau sowie die Anzahl der Variablen berücksichtigt.

Hierbei handelt es sich um eine Zusammenhangsfrage zwischen zwei intervallskalierten Variablen. Demnach muss das Verfahren der Pearson-Korrelation angewandt werden. Die Pearson-Korrelation wird auch als Produkt-Moment- oder bivariate Korrelation bezeichnet. Als Voraussetzung für die Durchführung einer Pearson-Korrelation nennen Bühner & Ziegler (2009, S. 609–611) folgende Kriterien: bivariate Normalverteilung (1), keine Ausreißerwerte (2), Linearität (3) sowie Intervallskalenniveau (4).

Kolmogorov-Smirnov-Test bei einer Stichprobe

			Positive Affektivität PANAS	Negative Affektivität PANAS	Summe Symptome PILL	Emotionale Expressivität BEQ
N			99	99	99	99
Parameter der Normalverteilung[a,b]	Mittelwert		3,3756	1,7626	103,9091	2,6306
	Std.-Abweichung		,44392	,55871	24,59264	,53492
Extremste Differenzen	Absolut		,105	,141	,078	,092
	Positiv		,053	,141	,078	,064
	Negativ		-,105	-,088	-,035	-,092
Teststatistik			,105	,141	,078	,092
Asymp. Sig. (2-seitig)[c]			,009	<,001	,143	,037
Monte-Carlo-Signifikanz (2-seitig)[d]	Sig.		,009	<,001	,144	,038
	99% Konfidenzintervall	Untergrenze	,006	,000	,134	,033
		Obergrenze	,011	,000	,153	,043

a. Die zu testende Verteilung ist eine Normalverteilung.
b. Aus den Daten berechnet.
c. Signifikanzkorrektur nach Lilliefors.
d. Lilliefors-Methode auf der Basis von 10000 Monte-Carlo-Stichproben mit Startwert 299883525.

Tabelle 13: Kolmogorov-Smirnov-Test

Quelle: eigene Darstellung

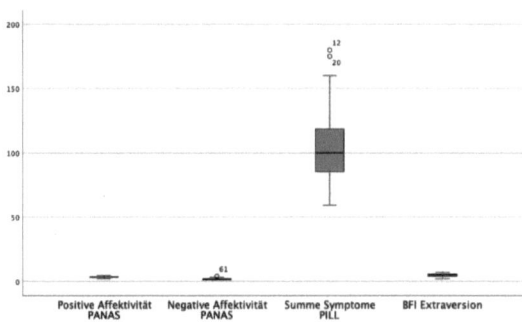

Abbildung 11: Test auf Ausreißer der Variablen na_g, pa_g, PILL_sum, beq_expr

Quelle: eigene Darstellung

Die Testung der Normalverteilung ergab, dass die Variablen pa_g (p = ,009), na_g (p < ,001) und beq_expr (p = ,037) nicht normalverteilt sind. Lediglich die Variable PILL-sum ist mit einem p = ,144 normalerteilt. Auch die Überprüfung auf Ausreißer ergab, dass drei Ausreißerwerte vorliegen. Aus diesem Grund fällt die Entscheidung auf die

Anwendung eines non-parametrischen Verfahrens, der Spearman-Korrelation. Die Voraussetzung, dass die Werte intervallskaliert sind, ist erfüllt (Bühner & Ziegler, 2009, S. 619).

Korrelationen

			Positive Affektivität PANAS	Negative Affektivität PANAS	Summe Symptome PILL	Emotionale Expressivität BEQ
Spearman-Rho	Positive Affektivität PANAS	Korrelationskoeffizient	1,000	,092	-,092	,236[*]
		Sig. (2-seitig)	.	,367	,365	,019
		N	99	99	99	99
	Negative Affektivität PANAS	Korrelationskoeffizient	,092	1,000	,251[*]	-,161
		Sig. (2-seitig)	,367	.	,012	,112
		N	99	99	99	99
	Summe Symptome PILL	Korrelationskoeffizient	-,092	,251[*]	1,000	,012
		Sig. (2-seitig)	,365	,012	.	,908
		N	99	99	99	99
	Emotionale Expressivität BEQ	Korrelationskoeffizient	,236[*]	-,161	,012	1,000
		Sig. (2-seitig)	,019	,112	,908	.
		N	99	99	99	99

*. Die Korrelation ist auf dem 0,05 Niveau signifikant (zweiseitig).

Tabelle 14: Spearman-Korrelation der Variablen na_g, pa_g, beq_expr, PILL_sum

Quelle: eigene Darstellung

Mittels der Spearman-Korrelation wurden die einzelnen Hypothesen geprüft. Zuerst soll getestet werden, ob es einen signifikanten Zusammenhang zwischen den Variablen pa_g und na_g gibt. Es ergibt sich zwischen den Variablen pa_g und na_g eine Korrelation von ρ = ,092. Die Korrelation ist mit einem p = ,367 nicht signifikant. Demnach muss bei Hypothese 1 die Nullhypothese „Es gibt keinen Zusammenhang zwischen den Variablen pa_g und na_g." angenommen werden.

Weiterhin soll eine mögliche Korrelation zwischen den Variablen pa_g und beq_expr überprüft werden. Es ergibt sich eine Korrelation von ρ = ,236. Die Signifikanzüberprüfung ergibt ein p = ,019, wodurch ein signifikantes Ergebnis vorliegt. Es wird demnach Alternativhypothese „Es gibt einen positiven Zusammenhang zwischen den Variablen pa_g und beq_expr." angenommen.

Zwischen den Variablen na_g und beq_expr ergibt sich eine Korrelation von ρ = -,162. Mit einem p = ,112 liegt keine Signifikanz vor und es wird die Nullhypothese „Es gibt keinen Zusammenhang zwischen den Variablen na_g und beq_expr." angenommen.

Die Korrelation der Variablen pa_g und PILL_sum liegt bei ρ = -,092 und ist mit einem p = ,365 nicht signifikant. Demnach wird die Nullhypothese „Es gibt keinen Zusammenhang zwischen den Variablen pa_g und PILL_sum." angenommen.

Die Berechnung der Korrelation zwischen na_g und PILL_sum ergibt ρ = ,251. Die Signifikanzprüfung ergibt ein p = ,012 und ist signifikant. Daher kann die H_1 „Es gibt

einen positiven Zusammenhang zwischen den Variablen na_g und PILL_sum."
angenommen werden.

Zwischen den Variablen beq_expr und PILL_sum liegt eine Korrelation von ρ = ,012 vor. Mit einem p = ,908 liegt kein signifikantes Ergebnis vor und die Nullhypothese „Es gibt keinen Zusammenhang zwischen den Variablen beq_expr und PILL_sum." wird angenommen.

Nr.	Ergebnis
1	H_0: Es gibt keinen Zusammenhang zwischen den Variablen *pa_g und na_g*.
2	H_1 ungerichtet: Es gibt einen Zusammenhang zwischen den Variablen *pa_g und beq_expr*. H_1 gerichtet: Es gibt einen positiven Zusammenhang zwischen den Variablen *pa_g und beq_expr*.
3	H_0: Es gibt keinen Zusammenhang zwischen den Variablen *na_g und beq_expr*.
4	H_0: Es gibt keinen Zusammenhang zwischen den Variablen *pa_g und PILL_sum*.
5	H_1 ungerichtet: Es gibt einen Zusammenhang zwischen den Variablen *na_g und PILL_sum*. H_1 gerichtet: Es gibt einen positiven Zusammenhang zwischen den Variablen *na_g und PILL_sum*.
6	H_0: Es gibt keinen Zusammenhang zwischen den Variablen beq_expr *und PILL_sum*.

Tabelle 15: Ergebnisse der Spearman-Korrelation

Quelle: eigene Darstellung

Die Überprüfung der Signifikanz ergab, dass es lediglich einen signifikanten positiven Zusammenhang zwischen den zwei Variablen „Negative Affektivität" und „Summe der berichteten Symptome" sowie zwischen „Positiver Affektivität" und „Emotionaler Expressivität" gibt. Dieses Ergebnis gibt lediglich über eine Korrelation, jedoch nicht hinsichtlich einer Kausalität, Aufschluss. Zwischen allen anderen Variablen gibt es keinen signifikanten Zusammenhang.

3.2.2 Vorhersagekraft der Persönlichkeitsmerkmale in Bezug auf die Anzahl der berichteten Symptome (pill_sum)

In diesem Kapitel soll die Vorhersagekraft der einzelnen Persönlichkeitsmerkmale auf die Anzahl der berichteten Symptome untersucht werden. Da es sich um eine Zusammenhangsfrage handelt, mehr als zwei Variablen berücksichtigt werden und die abhängige Variable intervallskaliert ist, soll das Verfahren der multiplen linearen Regression zur Berechnung eingesetzt werden. Dieses Verfahren ermöglicht es, Die Beziehungen zwischen verschiedenen Prädiktoren und einem Kriterium zu untersuchen (Bortz & Schuster, 2010, S. 342).

Die Forschungsfrage lautet:

Lassen sich die Persönlichkeitsmerkmale „Positive Affektivität", „Negative Affektivität" und „Expressivität" zur Vorhersage der Anzahl berichteter Symptome heranziehen und welcher von diesen trägt am meisten zur Vorhersage bei?

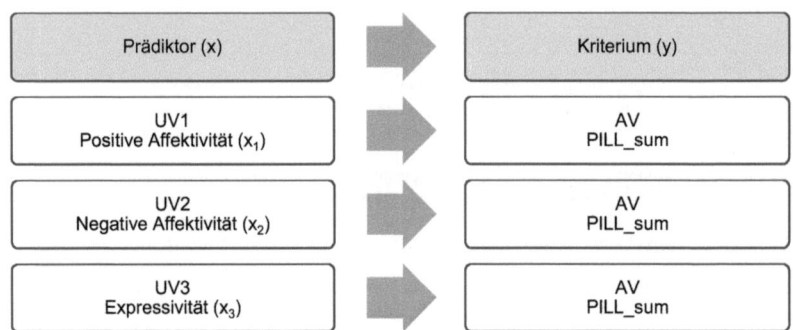

Abbildung 12: Prädiktoren und Kriterium der multiplen Regression

Quelle: eigene Darstellung

Die der Fragestellung entsprechende Gleichung lautet:

$$AV = a + b1 * UV1_{pa\_g} + b2 * UV2_{na\_g} + b3 * U32_{beq\_expr}$$

Bevor die multiple Regression durchgeführt werden kann, müssen acht Voraussetzungen erfüllt sein. Gemäß Bühner & Ziegler (2009, S. 669–670) sind dies die Folgenden: linearer Zusammenhang zwischen den Variablen (1), Normalverteilung der Fehler (2), Homoskedastizität (3), keine korrigierten Fehler (4), vollständig spezifizierte Modelle (5), keine Kollinearität (6), hohe Reliabilität der Prädiktoren und des Kriteriums (7) sowie keine Varianzbeschränkung der Variablen (8).

Die Homoskedastizität soll graphisch mittels SPSS geprüft werden. Sie gibt an, dass die Varianzen der Fehler der beobachteten Variablen gleich sind. Die Überprüfung ergab das unten abgebildete Histogramm. Die z-standardisierten Kriteriumswerte (Regression standardisierter geschätzter Wert) werden auf der x-Achse angegeben und auf der y-Achse werden die studentisierten Residuen angezeigt. In dem vorliegenden Histogramm streuen die Werte ausgehend von der Regressionsgeraden nicht gleichmäßig nach unten und oben und zudem gibt es Lücken. Die studentisierten

Residuen streuen nach unten bis etwa -2 und nach oben bis etwa +3. Daher kann nicht von einer Homoskedastizität ausgegangen werden. Aus diesem Grund muss die Bootstrap-Methode (sh. Anhang 2) zur Korrektur angewandt werden (Bühner & Ziegler, 2009, S. 725–726).

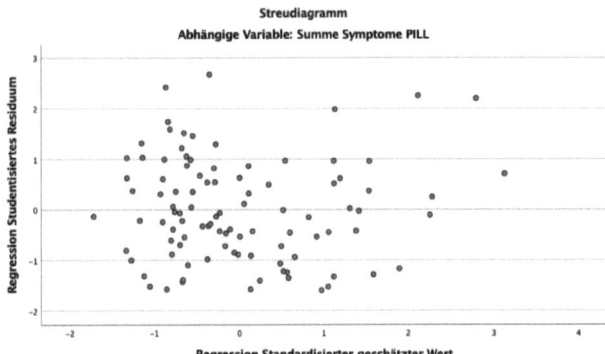

Abbildung 13: Streudiagramm der AV PILL_sum

Quelle: eigene Darstellung

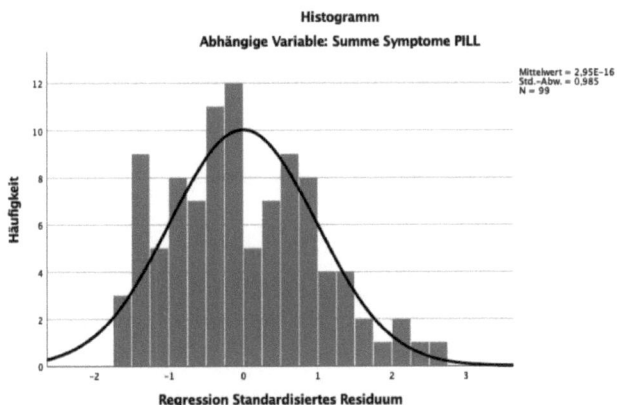

Abbildung 14: Normalverteilungskurve der Residuen

Quelle: eigene Darstellung

Ausgehend von der Normalverteilungskurve (μ = 2,95, σ = 0,985) kann von einer Normalverteilung der Fehler ausgegangen werden.

Eine weitere Voraussetzung für die multiple lineare Regression ist, dass keine Kollinearität, d. h., dass kein linearer Zusammenhang zwischen einem Prädiktor und den anderen Prädiktoren vorliegt. Das Vorliegen einer Kollinearität wird anhand der Grenzwerte des *Variance Inflation Factors* (VIF) und der *Toleranz* ermittelt. Als kritische Werte werden eine VIF höher als zehn und eine Toleranz kleiner als 0,10 angesehen. Die Variablen haben folgende Werte: na_g (Toleranz = ,963, VIF = 1,039), pa_g (Toleranz = ,924, VIF = 1,082), beq_expr (Toleranz = ,903, VIF = 1,108). Demnach kann nicht von einer Kollinearität ausgegangen werden, wodurch die Voraussetzung erfüllt ist.

Koeffizienten[a]

Modell		Nicht standardisierte Koeffizienten		Standardisierte Koeffizienten			Korrelationen			Kollinearitätsstatistik	
		RegressionskoeffizientB	Std.-Fehler	Beta	T	Sig.	Nullter Ordnung	Partiell	Teil	Toleranz	VIF
1	(Konstante)	102,055	20,357		5,013	<,001					
	Negative Affektivität PANAS	17,538	4,169	,398	4,207	<,001	,373	,396	,391	,963	1,039
	Positive Affektivität PANAS	-11,453	5,357	-,207	-2,138	,035	-,163	-,214	-,199	,924	1,082
	Emotionale Expressivität BEQ	3,650	4,497	,079	,812	,419	-,038	,083	,075	,903	1,108

a. Abhängige Variable: Summe Symptome PILL

Tabelle 16: Regressionsanalyse, Koeffizienten

Quelle: eigene Darstellung

Modellzusammenfassung

Modell	R	R-Quadrat	Korrigiertes R-Quadrat	Standardfehler des Schätzers
1	,423[a]	,179	,153	22,62743

a. Einflußvariablen : (Konstante), Emotionale Expressivität BEQ, Negative Affektivität PANAS, Positive Affektivität PANAS

Tabelle 17: Regressionsanalyse, Modellzusammenfassung

Quelle: eigene Darstellung

ANOVA[a]

Modell		Quadratsumme	df	Mittel der Quadrate	F	Sig.
1	Regression	10630,145	3	3543,382	6,921	<,001[b]
	Nicht standardisierte Residuen	48640,037	95	512,000		
	Gesamt	59270,182	98			

a. Abhängige Variable: Summe Symptome PILL

b. Einflußvariablen : (Konstante), Emotionale Expressivität BEQ, Negative Affektivität PANAS, Positive Affektivität PANAS

Tabelle 18: Regressionsanalyse, ANOVA

Quelle: eigene Darstellung

Das Bestimmtheitsmaß R^2 der Regressionsanalyse liegt bei .179. Somit werden 17,9% der Varianz „Summe der berichteten Symptome" durch die drei Prädiktoren erklärt. Gemäß den geltenden Konventionen liegt demnach ein moderater Effekt vor (Bühner & Ziegler, 2009, S. 712). Der F-Wert liegt bei 6,921 mit einer Signifikanz von <,0,001. Daher ist davon auszugehen, dass die drei Prädiktoren das Kriterium PILL_sum signifikant vorhersagen.

Anschließend soll die Vorhersagekraft der einzelnen Prädiktoren für das Kriterium ermittelt werden. Aus der Tabelle der Koeffizienten kann entnommen werden, dass bei der Variable na_g ein Beta von ,398. (p <,0,01) vorliegt. Demnach hat sie den höchsten signifikanten positiven Einfluss auf das Kriterium der Summe der berichteten Symptome.

Die Variable pa_ng hat ein Beta von -,207 (p = ,0,35). Damit verfügt die Variable über einen im Vergleich zur Variable na_g, geringeren, aber dennoch signifikanten negativen Einfluss.

Die Variable beq_expr hat mit einem Beta von. ,079 einen sehr geringen Einfluss und ist mit einem p =. ,419 nicht signifikant.

3.2.3 Fazit

Die Ergebnisse der Spearman-Korrelation sprechen dafür, dass eine hohe emotionale Affektivität in Zusammenhang mit Emotionaler Expressivität, d. h. dem Ausdruck von Emotionen, stehen. Die Fähigkeit, seine Emotionen auszudrücken ist ein wichtiger Teil der emotionalen Kompetenz (Petermann & Wiedebusch, 2016, S. 14). Daher wäre es interessant zu untersuchen, ob ein Zusammenhang zwischen dem Ausdrücken positiver Emotionen und positiven Effekten auf die Gesundheit besteht. Zudem ist es interessant zu überprüfen, welche Auswirkungen eine geringe Emotionale Expressivität bei negativen Emotionen hinsichtlich einer möglichen Vulnerabilität hat. Denn ein weiteres Ergebnis der Korrelationsüberprüfung ist, dass ein hohes Maß an negativer Affektivität mit einer hohen Anzahl berichteter Symptome in Verbindung gebracht werden kann. Die Regressionsanalyse hat ergeben, dass die Variable „Negative Affektivität" die „Summe der berichteten Symptome" im Positiven vorhersagt. D. h. je stärker die negativen Emotionen ausgeprägt sind, desto wahrscheinlicher ist eine hohe Anzahl von berichteten Symptomen. Im Gegensatz dazu hat die Variable „Positive Affektivität" einen moderaten negativen Effekt auf die „Summe der berichteten Symptome". D. h, je mehr positive Emotionen vorliegen, desto geringer ist die Anzahl der berichteten Symptome.

Literaturverzeichnis

Backhaus, K., Erichson, B., Gensler, S., Weiber, R., & Weiber, T. (2021). Analysis of Variance. In K. Backhaus, B. Erichson, S. Gensler, R. Weiber, & T. Weiber, *Multivariate Analysis* (S. 147–203). Springer Fachmedien Wiesbaden. https://doi.org/10.1007/978-3-658-32589-3_3

Bortz, J., & Schuster, C. (2010). *Statistik für Human- und Sozialwissenschaftler: Mit ... 163 Tabellen* (7., vollst. überarb. und erw. Aufl). Springer.

Bühner, M., & Ziegler, M. (20). *Statistik für Psychologen und Sozialwissenschaftler* (korr. Nachdr.). Pearson.

Eid, M., Gollwitzer, M., & Schmitt, M. (2013). *Statistik und Forschungsmethoden: Lehrbuch ; mit Online-Materialien* (3., korrigierte Auflage). Beltz.

Heimsch, F. M., Niederer, R., & Zöfel, P. (2018). *Statistik im Klartext: Für Psychologen, Wirtschafts- und Sozialwissenschaftler* (2., aktualisierte und erweiterte Auflage). Pearson.

Holling, H., & Gediga, G. (2016). *Statistik—Testverfahren* (1. Auflage). Hogrefe. https://doi.org/10.1026/978-3-8409-2302-9

Köhler, T. (2004). *Statistik für Psychologen, Pädagogen und Mediziner: Ein Lehrbuch* (1. Aufl). Kohlhammer.

Kuhlmei, E. (2020). *Lerne mit uns komplexe Statistik! Drei Studis erklären fortgeschrittene statistische Verfahren und ihre SPSS-Anwendungen.* Springer. https://doi.org/10.1007/978-3-662-61751-9

Leonhart, R. (2010). *Datenanalyse mit SPSS*. Hogrefe.

Petermann, F., & Wiedebusch, S. (2016). *Emotionale Kompetenz bei Kindern* (3., überarbeitete Auflage). Hogrefe. https://doi.org/10.1026/02710-000

Rasch, B., Frise, M., Hofmann, W., & Naumann, E. (2004). *Quantitative Methoden. 2: Statistikbegleitheft 2. Semester: mit 46 Tabellen.* Springer.

Rudolf, M., & Buse, J. (2012). *Multivariate Verfahren: Eine praxisorientierte Einführung mit Anwendungsbeispielen in SPSS* (2., überarb. u. erw. Aufl). Hogrefe.

Schäfer, T. (2016). *Methodenlehre und Statistik.* Springer Fachmedien Wiesbaden. https://doi.org/10.1007/978-3-658-11936-2

Zöfel, P. (2011). *Statistik für Psychologen: Im Klartext.* Pearson Higher Education.

Anhang

Alter

	N	%
18	1	1,0%
19	5	5,0%
20	19	19,0%
21	15	15,0%
22	11	11,0%
23	8	8,0%
24	9	9,0%
25	6	6,0%
26	4	4,0%
27	2	2,0%
28	5	5,0%
29	3	3,0%
30	1	1,0%
31	2	2,0%
33	2	2,0%
34	2	2,0%
37	1	1,0%
38	1	1,0%
42	1	1,0%
53	1	1,0%
55	1	1,0%

Anhang 1: Häufigkeitsverteilung Variable Alter

Quelle: eigene Darstellung

Bootstrap für Koeffizienten

Modell		Regressionsk oeffizientB	Bootstrap[a]			BCa 95% Konfidenzintervall	
			Verzerrung	Std.-Fehler	Sig. (2-seitig)	Unterer	Oberer
1	(Konstante)	102,055	-1,694	24,184	<,001	54,900	145,199
	Negative Affektivität PANAS	17,538	-,382	4,890	<,001	7,658	26,002
	Positive Affektivität PANAS	-11,453	,648	5,259	,028	-22,776	,923
	Emotionale Expressivität BEQ	3,650	,018	4,343	,414	-4,773	12,235

a. Sofern nicht anders angegeben, beruhen die Bootstrap-Ergebnisse auf 1000 Bootstrap-Stichproben

Anhang 2: Bootstrap für Koeffizienten

Quelle: eigene Darstellung